JIKKYO NOTEBOOK

スパイラル数学II　学習ノート

【方程式・式と証明】

　本書は，実教出版発行の問題集「スパイラル数学II」の1章「方程式・式と証明」の全例題と全問題を掲載した書き込み式のノートです。本書をノートのように学習していくことで，数学の実力を身につけることができます。

　また，実教出版発行の教科書「新編数学II」に対応する問題には，教科書の該当ページを示してあります。教科書を参考にしながら問題を解くことによって，学習の効果がより一層高まります。

目　次

1節　式の計算

1 | 整式の乗法

SPIRAL A

1 次の式を展開せよ。　　　　　　　　　　　　　　　　　　　▶教 p.4 例1

(1) $(x+4)^3$

(2) $(x-5)^3$

(3) $(2x+3)^3$

*(4) $(3x-1)^3$

*(5) $(3x+2y)^3$

*(6) $(-x+2y)^3$

2 次の式を展開せよ。 ▶教 p.5 例2

(1) $(x+4)(x^2-4x+16)$　　　　*(2) $(x-2)(x^2+2x+4)$

*(3) $(3x+2y)(9x^2-6xy+4y^2)$　　　(4) $(2x-5y)(4x^2+10xy+25y^2)$

(5) $(a-3b)(a^2+3ab+9b^2)$　　　*(6) $(4a+3b)(16a^2-12ab+9b^2)$

4

3 次の式を因数分解せよ。 ▶教 p.6 例3

(1) $x^3 - 27$

(2) $x^3 + 8y^3$

*(3) $8x^3 + 125$

*(4) $64x^3 - 125y^3$

(5) $64a^3 + 1$

*(6) $1 - a^3$

SPIRAL B

4 次の式を展開せよ。 ▶教 p.4 例1

*(1) $\left(3x - \dfrac{1}{3}\right)^3$

(2) $(a + b + 1)^3$

5 次の式を展開せよ。 ▶教 p.5 例2

(1) $\left(x - \dfrac{1}{2}\right)\left(x^2 + \dfrac{x}{2} + \dfrac{1}{4}\right)$

6

(2) $(a-2)^2(a^2+2a+4)^2$

*(3) $(a+2b)(a-2b)(a^2+2ab+4b^2)(a^2-2ab+4b^2)$

6 次の式を因数分解せよ。 ▶教p.6例3

(1) $3x^3 + 24y^3$

*(2) $27ax^3 - a$

(3) $a^3 - \dfrac{1}{8}b^3$

(4) $x^3 - \dfrac{8}{27}$

*(5) $(x-y)^3 + 27$

(6) $(2x+1)^3 - 8$

7 次の式を因数分解せよ。

(1) $x^3 - x^2y - 2xy^2 + 8y^3$

(2) $a^3 - 4a^2b + 12ab^2 - 27b^3$

SPIRAL **C**

例題 1 次の式を因数分解せよ。

$x^6 - 7x^3 - 8$

▶教 p.56 章末1

解　$x^3 = t$ とおくと　$x^6 = t^2$
よって
$$x^6 - 7x^3 - 8 = t^2 - 7t - 8$$
$$= (t + 1)(t - 8)$$
$$= (x^3 + 1)(x^3 - 8)$$
$$= (x+1)(x^2-x+1)(x-2)(x^2+2x+4)$$
$$= \boldsymbol{(x+1)(x-2)(x^2-x+1)(x^2+2x+4)} \quad 答$$

8 次の式を因数分解せよ。

(1) $x^6 - 26x^3 - 27$

(2) $a^6 - b^6$

2 二項定理

9 パスカルの三角形を利用して，次の式を展開せよ。　　　　　　　　　　　　　▶教p.7 例4

*(1)　$(a+3)^4$　　　　　　　　　　　　　　　　(2)　$(x+y)^7$

10 二項定理を利用して，次の式を展開せよ。　　　　　　　　　　　　　　　　▶教p.9 例5

*(1)　$(a+3b)^5$　　　　　　　　　　　　　　　(2)　$(x-2)^6$

(3)　$(2x-y)^5$　　　　　　　　　　　　　　　*(4)　$(3x-2y)^4$

11 次の式の展開式において，[ ]内に指定された項の係数を求めよ。 ▶教p.10例題1

*(1) $(3x+2)^5$ $[x^2]$

(2) $(2x-3)^6$ $[x^4]$

*(3) $(x-2y)^7$ $[x^5y^2]$

(4) $(x^2-y)^8$ $[x^{10}y^3]$

SPIRAL B

12 二項定理を利用して，$\left(x+\dfrac{1}{x}\right)^6$ を展開せよ。 ▶教p.9例5

13 次の等式を証明せよ。 ▶教 p.10 応用例題1

*(1) $\quad {}_nC_0 + 3{}_nC_1 + 3^2{}_nC_2 + \cdots\cdots + 3^n{}_nC_n = 4^n$

(2) $\quad {}_nC_0 - \dfrac{{}_nC_1}{2} + \dfrac{{}_nC_2}{2^2} - \cdots\cdots + (-1)^n \cdot \dfrac{{}_nC_n}{2^n} = \left(\dfrac{1}{2}\right)^n$

*(3) $\quad {}_{2n}C_0 + {}_{2n}C_2 + \cdots\cdots + {}_{2n}C_{2n} = {}_{2n}C_1 + {}_{2n}C_3 + \cdots\cdots + {}_{2n}C_{2n-1}$

SPIRAL C

| 例題 2 | $(a+2b-3c)^6$ の展開式における a^3b^2c の項の係数を求めよ。 ▶教p.11思考力✚ |

| 解 | $\{(a+2b)-3c\}^6$ を展開したときの一般項は
　　$_6C_r(a+2b)^{6-r}(-3c)^r$
c の次数が1になるのは $r=1$ のときである。
ゆえに，a^3b^2c の項は $_6C_1(a+2b)^5(-3c)$ の展開式に現れる。
ここで，$(a+2b)^5$ を展開したときの a^3b^2 の係数は
　　$_5C_2\times2^2$
したがって，求める a^3b^2c の項の係数は
　　$_6C_1\times_5C_2\times2^2\times(-3)=6\times10\times4\times(-3)=-720$ **答** |

| 別解 | $(a+2b-3c)^6$ の展開式における $a^3(2b)^2(-3c)^1$ の項は
　　$\dfrac{6!}{3!2!1!}a^3(2b)^2(-3c)^1=\dfrac{6!}{3!2!1!}\times2^2\times(-3)\times a^3b^2c=-720a^3b^2c$
よって，求める係数は　-720 **答** |

14 次の式の展開式において，[　]内に指定された項の係数を求めよ。

(1) $(2a-b+c)^5$ 　$[ab^2c^2]$

(2) $(x-3y-2z)^6$ 　$[xz^5]$

14

3 整式の除法

SPIRAL A

15 次の整式 A を整式 B で割ったときの商と余りを求めよ。　　　　▶教 p.13 例題2

*(1)　$A = 2x^2 + 5x - 6,\ B = x + 3$

(2)　$A = 3x^2 + 4x - 6,\ B = 3x + 1$

*(3)　$A = x^3 - 3x^2 + 4x + 1,\ B = x - 2$

(4) $A = 4x^3 - 5x^2 - 2x + 3, \ \ B = 4x + 3$

*(5) $A = 4x^3 + x + 2, \ \ B = 2x - 1$

16

16 次の整式 A を整式 B で割ったときの商と余りを求めよ。 ▶教p.13 例題2

(1) $A = 3x^3 - 2x^2 + x - 1, \ B = x^2 - 2x - 2$

*(2) $A = 2x^3 - 7x^2 + 3, \ B = x^2 - 2x + 1$

(3)　$A = 2x^3 - 8x + 7,\ \ B = 2x^2 + 4x - 3$

*(4)　$A = 2x^3 + 3x^2 + 6,\ \ B = x^2 + 2$

17 次のような整式 A を求めよ。 教p.14例6

(1) A を $x+3$ で割ると，商が x^2+2x-3 で余りが 5 である

*(2) A を x^2-3x-4 で割ると，商が $x+1$ で余りが $2x+3$ である

18 次のような整式 B を求めよ。 教p.14例題3

(1) 整式 x^2-4x-6 を B で割ると，商が $x-6$ で余りが 6 である

*(2) 整式 $2x^3-x^2+3x-1$ を B で割ると，商が $2x+1$ で余りが -3 である

(3) 整式 $6x^3 - 5x^2 - 3x + 7$ を B で割ると，商が $2x^2 - 3x + 1$ で余りが 5 である

*(4) 整式 $x^3 - x^2 - 3x + 1$ を B で割ると，商が $x - 2$ で余りが $-3x + 5$ である

SPIRAL B

19 整式 A を $x-3$ で割ると，商が Q で余りが 5 である。この商 Q を $x+2$ で割ると，商が $2x+1$ で余りが -4 である。このとき，整式 A を求めよ。　　　　　▶教p.14例題3

*20 整式 A を $x-1$ で割ると，商が Q で余りが 1 である。この商 Q を x^2+1 で割ると，商が $x+1$ で余りが $x-2$ である。このとき，整式 A を求めよ。　　　　　▶教p.14例題3

例題 3 整式 $A = 3x^2 - 4xy + 5y^2$, $B = x - 2y$ を x についての整式とみて, A を B で割ったときの商と余りを求めよ。

解 y を数と同様に考えて,

右の計算より

商は $3x + 2y$, 余りは $9y^2$ **答**

$$
\begin{array}{r}
3x\ \ +2y \\
x-2y{\overline{\smash{\big)}\,3x^2-4yx+5y^2}} \\
\underline{3x^2-6yx} \\
2yx+5y^2 \\
\underline{2yx-4y^2} \\
9y^2
\end{array}
$$

21 次の整式 A, B を x についての整式とみて, A を B で割ったときの商と余りを求めよ。

*(1) $A = x^2 - 2xy - 3y^2$, $B = x + y$

(2) $A = 3x^2 + 2xy + y^2$, $B = 3x - y$

22

*(3) $A = x^3 - 6xy^2 + 5y^3,\ \ B = x - 2y$

(4) $A = x^3 + x^2y + xy^2 - 3y^3,\ \ B = x^2 + 2xy + 3y^2$

*(5) $A = x^3 + x^2y - xy^2 + y^3,\ \ B = x^2 - xy + y^2$

*22　$a,\ b$ を定数とする整式 x^3+ax^2+b が整式 x^2+4x+4 で割り切れるように $a,\ b$ の値を定めよ。

∴4 分数式

SPIRAL A

23 次の式を約分して，既約分数式に直せ。 ▶教 p.15 例7

(1) $\dfrac{6x^3y}{8x^2y^3}$

(2) $\dfrac{21x^2y^5}{15x^4y^3}$

(3) $\dfrac{3x+6}{x^2+4x+4}$

(4) $\dfrac{x^2-4}{x^2-3x+2}$

(5) $\dfrac{x^2-2x-3}{2x^2+x-1}$

(6) $\dfrac{x^2-9}{3x^2+11x+6}$

24 次の計算をせよ。 ▶敎p.16例8

(1) $\dfrac{5x-3}{4(x+2)} \times \dfrac{x+2}{(x+1)(5x-3)}$

*(2) $\dfrac{x+4}{x^2-4} \times \dfrac{x+2}{x^2+4x}$

26

(3) $\dfrac{x^2-9}{x+2} \div \dfrac{2x-6}{x^2+2x}$

*(4) $\dfrac{x^2-2x+1}{3x^2+5x+2} \div \dfrac{x^3-1}{3x^2-4x-4}$

25 次の計算をせよ。

▶教 p.16 例9

(1) $\dfrac{x+2}{x+3} + \dfrac{x+4}{x+3}$

*(2) $\dfrac{2x+6}{x-1} - \dfrac{3x+5}{x-1}$

(3) $\dfrac{x^2}{x^2-x-6} + \dfrac{2x}{x^2-x-6}$

*(4) $\dfrac{x^2}{3x^2+2x-1} - \dfrac{2x+3}{3x^2+2x-1}$

26 次の計算をせよ。 ▶教p.17例10

(1) $\dfrac{3}{x+3} + \dfrac{5}{x-5}$

*(2) $\dfrac{x-1}{x-2} - \dfrac{x}{x+1}$

27 次の計算をせよ。 ▶教 p.17 例題4

(1) $\dfrac{1}{x(x+1)} + \dfrac{1}{(x+1)(x+2)}$

*(2) $\dfrac{2}{x^2-4x-5} - \dfrac{1}{x^2-x-2}$

(3) $\dfrac{x-1}{x^2-2x-3}+\dfrac{x+5}{x^2-6x-7}$

*(4) $\dfrac{x+8}{x^2+x-2}-\dfrac{x+5}{x^2-1}$

分母や分子に分数式を含む式の計算

例題 4

$\dfrac{1-\dfrac{3}{x}}{x-\dfrac{9}{x}}$ を簡単にせよ。

▶教 p.19思考力✚

解

$(分子) = 1 - \dfrac{3}{x} = \dfrac{x-3}{x}, \qquad (分母) = x - \dfrac{9}{x} = \dfrac{x^2-9}{x}$

よって $\dfrac{1-\dfrac{3}{x}}{x-\dfrac{9}{x}} = \dfrac{x-3}{x} \div \dfrac{x^2-9}{x}$ ←$\dfrac{(分子)}{(分母)} = (分子) \div (分母)$

$= \dfrac{x-3}{x} \times \dfrac{x}{x^2-9} = \dfrac{x-3}{x} \times \dfrac{x}{(x+3)(x-3)} = \dfrac{1}{x+3}$ **答**

28 次の式を簡単にせよ。

*(1) $\dfrac{x-\dfrac{16}{x}}{1+\dfrac{4}{x}}$

(2) $\dfrac{x - \dfrac{9}{x}}{x - 4 + \dfrac{3}{x}}$

*(3) $\dfrac{x - \dfrac{2}{x+1}}{1 - \dfrac{2}{x+1}}$

SPIRAL C

例題 5

$x + \dfrac{1}{x} = \sqrt{3}$ のとき，$x^2 + \dfrac{1}{x^2}$ および $x^3 + \dfrac{1}{x^3}$ の値を求めよ。

解

$$\left(x + \frac{1}{x}\right)^2 = x^2 + 2x\left(\frac{1}{x}\right) + \left(\frac{1}{x}\right)^2 = x^2 + 2 + \frac{1}{x^2}$$

より　$x^2 + \dfrac{1}{x^2} = \left(x + \dfrac{1}{x}\right)^2 - 2 = (\sqrt{3})^2 - 2 = 1$　**答**

$$\left(x + \frac{1}{x}\right)^3 = x^3 + 3x^2\left(\frac{1}{x}\right) + 3x\left(\frac{1}{x}\right)^2 + \left(\frac{1}{x}\right)^3 = x^3 + 3x + \frac{3}{x} + \frac{1}{x^3}$$

$$= x^3 + \frac{1}{x^3} + 3\left(x + \frac{1}{x}\right)$$

より　$x^3 + \dfrac{1}{x^3} = \left(x + \dfrac{1}{x}\right)^3 - 3\left(x + \dfrac{1}{x}\right) = (\sqrt{3})^3 - 3 \times \sqrt{3} = 0$　**答**

29 $x + \dfrac{1}{x} = \sqrt{5}$ のとき，$x^2 + \dfrac{1}{x^2}$ および $x^3 + \dfrac{1}{x^3}$ の値を求めよ。

2節　複素数と方程式

◇1　複素数

SPIRAL A

30 次の複素数の実部と虚部を答えよ。また，(1)から(4)の中で純虚数はどれか。　▶教 p.21 例1

(1)　$3 + 7i$　　　　　　　　　　　　　*(2)　$-2 - i$

*(3)　$-6i$　　　　　　　　　　　　　*(4)　$1 + \sqrt{2}$

31 次の等式を満たす実数 x, y の値を求めよ。　▶教 p.21 例2

(1)　$2x + (3y + 1)i = -8 + 4i$　　　　*(2)　$3(x - 2) + (y + 4)i = 6 - yi$

(3)　$(x + 2y) - (2x - y)i = 4 + 7i$　　　　*(4)　$(x - 2y) + (y + 4)i = 0$

32　次の計算をせよ。　　　　　　　　　　　　　　　　　▶教 p.22 例3

(1)　$(2 + 5i) + (3 + 2i)$　　　　　　　*(2)　$(4 - 3i) + (-3 + 2i)$

(3)　$(3 + 8i) - (4 + 9i)$　　　　　　　*(4)　$(5i - 4) - (-4i)$

36

33 次の計算をせよ。 ▶教p.22例4

*(1) $(2+3i)(1+4i)$

(2) $(3+5i)(2-i)$

(3) $(2-3i)(3-2i)$

*(4) $(1+3i)^2$

(5) $(1-i)^2$

*(6) $(4+3i)(4-3i)$

34 次の複素数と共役な複素数を答えよ。 ▶敎p.23 例5

*(1) $3 + i$ (2) $-2i$

*(3) -6 (4) $\dfrac{-1+\sqrt{5}\,i}{2}$

35 次の計算をし，$a + bi$ の形にせよ。 ▶敎p.23 例6

(1) $\dfrac{1+2i}{3+2i}$ *(2) $\dfrac{3+2i}{1-2i}$

38

*(3) $\dfrac{1-i}{1+i}$　　　　　　(4) $\dfrac{4}{3+i}$

(5) $\dfrac{2i}{1-i}$　　　　　　*(6) $\dfrac{2-i}{5i}$

36 次の数を虚数単位 i を用いて表せ。 ▶教p.25例7

*(1) $\sqrt{-7}$ (2) $\sqrt{-25}$ *(3) -64 の平方根

37 次の計算をせよ。 ▶教p.25例8

*(1) $\sqrt{-2} \times \sqrt{-3}$ (2) $(\sqrt{-3}+1)^2$

*(3) $\dfrac{\sqrt{3}}{\sqrt{-4}}$

(4)　$(\sqrt{2} - \sqrt{-3})(\sqrt{-2} - \sqrt{3})$

38　次の 2 次方程式を解け。　　　　　　　　　　　　　　▶教p.25 例9

(1)　$x^2 = -2$ 　　　　　　　　　　　　　*(2)　$x^2 = -16$

(3)　$9x^2 = -1$ 　　　　　　　　　　　　　*(4)　$4x^2 + 9 = 0$

▶教 p.22 例4, p.23 例6

SPIRAL B

39 次の計算をせよ。

(1) $(1 + 2i)^3$

*(2) $\dfrac{3i}{1+i} - \dfrac{5}{1-2i}$

42

(3) $\dfrac{3+i}{2-i} + \dfrac{2-i}{3+i}$

*(4) $\left(\dfrac{1+i}{1-i}\right)^3$

÷2 2次方程式

40 次の2次方程式を解け。 ▶教p.27例題1

*(1) $2x^2 + 5x + 1 = 0$

(2) $x^2 - 4x + 1 = 0$

*(3) $9x^2 + 12x + 4 = 0$

*(4) $2x^2 - 4x + 5 = 0$

44

(5) $x^2 - x + 1 = 0$

(6) $-3x^2 + 2x + 1 = 0$

*(7) $2x^2 + 2\sqrt{3}\,x + 5 = 0$

*(8) $2x^2 + 7 = 0$

41 次の 2 次方程式の解を判別せよ。 ▶教 p.29 例題2

(1) $2x^2 + 5x + 3 = 0$

*(2) $3x^2 - 4x + 2 = 0$

(3) $25x^2 - 10x + 1 = 0$

*(4) $-x^2 - x + 1 = 0$

*(5) $x^2 + 2\sqrt{5}\,x + 5 = 0$

(6) $4x^2 + 3 = 0$

42 次の 2 次方程式について，2 つの解 α, β の和と積を求めよ。 ▶教 p.30 例10

(1) $2x^2 - 5x + 3 = 0$ *(2) $x^2 - x - 1 = 0$

(3) $-6x^2 + 3x - 4 = 0$ *(4) $3x^2 + 2x = 0$

43　2 次方程式 $2x^2 - x - 4 = 0$ の 2 つの解を α, β とするとき，次の式の値を求めよ。

▶教 p.31 例題3

*(1)　$(\alpha + 3)(\beta + 3)$

(2)　$\alpha^2 - \alpha\beta + \beta^2$

48

*(3) $\dfrac{\beta+1}{\alpha}+\dfrac{\alpha+1}{\beta}$

(4) $\alpha^3+\beta^3$

44　2次方程式 $x^2 + 10x + m = 0$ について，1つの解が他の解の4倍であるとき，定数 m の値と2つの解を求めよ。　　　　　　　　　　　　　　▶教p.31 例題4

45　次の2次式を，複素数の範囲で因数分解せよ。　　　　　　　　　　　　　　▶教p.32 例題5

*(1)　$2x^2 - 4x - 1$

50

(2) $x^2 - x + 1$

(3) $3x^2 - 6x + 5$

*(4) $x^2 + 4$

46 次の 2 数を解とする 2 次方程式を 1 つ求めよ。 ▶️ 教 p.33 例11

*(1) 3, -4

(2) $2+\sqrt{5}$, $2-\sqrt{5}$

*(3) $1+4i$, $1-4i$

47 2 次方程式 $2x^2 + x - 2 = 0$ の 2 つの解を α, β とするとき，次の 2 数を解とする 2 次方程式を 1 つ求めよ。　　　　　　　　　　　　　　　　　　　▶教 p.33 例題6

*(1)　$2\alpha + 1$, $2\beta + 1$

(2)　$\dfrac{3}{\alpha}$, $\dfrac{3}{\beta}$

*(3)　α^3, β^3

48 2次方程式 $x^2 + (m-3)x + 1 = 0$ が次のような解をもつとき，定数 m の値の範囲を求めよ。 ▶教 p.29 応用例題1

(1) 異なる2つの実数解   (2) 異なる2つの虚数解

*49 2次方程式 $x^2 + 2mx + m + 2 = 0$ が次のような解をもつとき，定数 m の値の範囲を求めよ。 ▶教 p.29 応用例題1

(1) 実数解   (2) 異なる2つの虚数解

50 4次式 $x^4 - x^2 - 6$ を，次の範囲で因数分解せよ。 ▶教 p.32 例題5

(1) 有理数

(2) 実数

(3) 複素数

51　2次方程式 $x^2 - 4x + m = 0$ について，2つの解の差が4であるとき，定数 m の値と2つの解を求めよ。

56

例題

和と積が与えられた2つの数

例題
6 　和が -3，積が 1 となる 2 つの数を求めよ。

解　求める 2 つの数を α，β とすると　$\alpha+\beta=-3$，$\alpha\beta=1$ であるから，α，β は
$x^2-(-3)x+1=0$　すなわち　$x^2+3x+1=0$ の解である。

これを解くと　$x=\dfrac{-3\pm\sqrt{5}}{2}$

よって，求める 2 つの数は　$\dfrac{-3+\sqrt{5}}{2}$，$\dfrac{-3-\sqrt{5}}{2}$ 　答

52　次のようになる 2 つの数を求めよ。

*(1)　和が 7，積が 4

(2)　和が 3，積が 3

SPIRAL C

| 例題7 | p を定数とし，2次方程式 $(x-p)^2+2(x-p)+p=0$ の2つの解を α, β とする。このとき，$(p-\alpha)(p-\beta)=p$ であることを示せ。 |

考え方　2次方程式 $ax^2+bx+c=0$ が2つの解 α, β をもつとき
$$ax^2+bx+c=a(x-\alpha)(x-\beta)$$

証明　2つの解が α, β であり，x^2 の項の係数が1である2次方程式は $(x-\alpha)(x-\beta)=0$ と表される。

ゆえに　　$(x-p)^2+2(x-p)+p=(x-\alpha)(x-\beta)$

両辺に $x=p$ を代入すると　　$(p-p)^2+2(p-p)+p=(p-\alpha)(p-\beta)$

よって　　$(p-\alpha)(p-\beta)=p$ 　終

別解　$(x-p)^2+2(x-p)+p=0$ を整理すると　　$x^2-2(p-1)x+p^2-p=0$

解と係数の関係より　　$\alpha+\beta=2(p-1)$, $\alpha\beta=p^2-p$

ゆえに　　$(p-\alpha)(p-\beta)=p^2-(\alpha+\beta)p+\alpha\beta$
$$=p^2-2(p-1)p+p^2-p=p$$

よって　　$(p-\alpha)(p-\beta)=p$ 　終

53 2次方程式 $2x^2-px+3p+q=0$ の2つの解を α, β とするとき，$(1-\alpha)(1-\beta)$ を p, q で表せ。

思考力 PLUS 2次方程式の実数解の符号
SPIRAL C

例題 8 ——解の符号と解と係数の関係

2次方程式 $x^2 - 2mx - m + 6 = 0$ が異なる2つの正の解をもつように,定数 m の値の範囲を定めよ。

解　2次方程式 $x^2 - 2mx - m + 6 = 0$ の判別式を D とすると

$$D = (-2m)^2 - 4 \times 1 \times (-m + 6) = 4(m^2 + m - 6) = 4(m - 2)(m + 3)$$

異なる2つの正の実数解を α, β とすると,解と係数の関係より

$$\alpha + \beta = 2m, \quad \alpha\beta = -m + 6$$

$D > 0$, $\alpha + \beta > 0$, $\alpha\beta > 0$ であればよいから

$(m-2)(m+3) > 0$ より	$m < -3,\ 2 < m$	……①
$2m > 0$ より	$0 < m$	……②
$-m + 6 > 0$ より	$m < 6$	……③

①,②,③より,求める定数 m の値の範囲は

$$2 < m < 6 \quad \text{答}$$

54 2次方程式 $x^2 + 2mx - m + 12 = 0$ が異なる2つの負の解をもつように,定数 m の値の範囲を定めよ。

55 2次方程式 $x^2 + 2(m-1)x - m + 3 = 0$ が異なる符号の解をもつように,定数 m の値の範囲を定めよ。

3 | 因数定理

SPIRAL A

56 $P(x) = 3x^2 - 4x - 4$ とするとき，次の値を求めよ。 ▶教 p.34 例12

*(1) $P(1)$

(2) $P(0)$

*(3) $P(-2)$

*(4) $P(\sqrt{3})$

57 次の整式を [　] 内の 1 次式で割ったときの余りを求めよ。　　　　▶教p.35 例13

(1) $x^3 - 3x + 4$　$[x - 2]$

(2) $2x^3 + x^2 - 4x - 3$　$[x + 1]$

(3) $2x^3 + 3x^2 - 5x - 6$　$[x + 3]$

58 次の条件を満たすような定数 k の値を求めよ。 ▶教 p.35 例題7

*(1) $x^3 - 3x^2 - 4x + k$ を $x - 2$ で割ったとき，余りが -5 となる

(2) $x^3 + kx^2 - 2x + 3$ を $x + 1$ で割ったとき，余りが 3 となる

*(3) $x^3 - 2x^2 - kx - 5$ を $x - 1$ で割ったとき，割り切れる

*59 $x+1$, $x-2$, $x+3$ のうち，次の整式が因数にもつものはどれか。 ▶教p.37例14

(1) $P(x) = x^3 - 2x^2 - 5x + 10$

(2) $P(x) = 2x^3 + 5x^2 - 6x - 9$

*60 整式 $P(x) = x^3 - 3x^2 + mx + 6$ が次のような因数をもつとき，定数 m の値をそれぞれ求めよ。　　　　　　　　　　　　　　　　　　　　　　　　▶教 p.37 例15

(1) $x - 3$ 　　　　　　　　　　　　(2) $x + 1$

61 因数定理を用いて，次の式を因数分解せよ。　　　　　　　　　▶教 p.38 例題8

(1) $x^3 - 4x^2 + x + 6$

*(2) $x^3 + 4x^2 - 3x - 18$

(3) $x^3 - 6x^2 + 12x - 8$

*(4) $2x^3 - 3x^2 - 11x + 6$

*62 整式 $P(x) = x^3 + ax^2 - x + b$ は，$x+1$ で割ると -3 余り，$x-2$ で割り切れる。このとき，定数 a，b の値を求めよ。　　　　　　　　　　　　　　　　　　▶教 p.35 例題7

*63 整式 $P(x)$ は $x-2$ で割ると -1 余り，$x-3$ で割ると 2 余るという。
$P(x)$ を $(x-2)(x-3)$ で割ったときの余りを求めよ。　　　　　　　　　▶教 p.36 応用例題2

64 整式 $P(x)$ を 1 次式 $ax+b$ で割ったときの商を $Q(x)$, 余りを R とする。このとき, 次の問いに答えよ。

(1) $P(x)$ を $ax+b$, $Q(x)$, R を用いて表せ。

(2) $R = P\left(-\dfrac{b}{a}\right)$ であることを示せ。

(3) 整式 $P(x) = 2x^3 + 5x^2 - 7x + 6$ を $2x - 1$ で割ったときの余りを求めよ。

65 因数定理を用いて，次の式を因数分解せよ。 ▶國 p.38 例題8

(1) $x^4 - 2x^3 - 3x^2 + 8x - 4$

*(2) $x^4 + 4x^3 + x^2 - 4x - 2$

68

例題 9	組立除法により，次の割り算を行い，商と余りを求めよ。 $(x^3 + 2x^2 - 5x - 4) \div (x + 3)$	▶教p.39思考力✚ 組立除法

| 解 | 右の組立除法より， 商は $x^2 - x - 2$，余りは **2** 答 | $\begin{array}{r|rrrr} -3 & 1 & 2 & -5 & -4 \\ +) & & -3 & 3 & 6 \\ \hline & 1 & -1 & 2 & \underline{|2} \end{array}$ |

66 組立除法により，次の割り算を行い，商と余りを求めよ。

(1) $(2x^3 - x^2 + 4x - 5) \div (x - 2)$

(2) $(x^3 - 10x - 6) \div (x + 4)$

(3) $(x^4 - 4x^3 + 2x^2 + 3x - 4) \div (x + 1)$

÷4 高次方程式

67 次の3次方程式を解け。　　　　　　　　　　　　　　　　　　▶教p.40例16

*(1)　$x^3 = 27$

(2)　$x^3 = -125$

(3)　$8x^3 - 1 = 0$

*(4)　$27x^3 + 8 = 0$

68 次の 4 次方程式を解け。 ▶教 p.41 例題9

(1) $x^4 + 3x^2 - 4 = 0$　　　　　　　　　*(2) $x^4 - x^2 - 30 = 0$

*(3) $x^4 - 16 = 0$　　　　　　　　　(4) $81x^4 - 1 = 0$

69 次の 3 次方程式を解け。 ▶教 p.41 例題10

(1) $x^3 - 7x^2 + x + 5 = 0$

*(2) $x^3 + 4x^2 - 8 = 0$

(3) $x^3 - 2x^2 + x + 4 = 0$

*(4) $x^3 - 9x^2 + 25x - 21 = 0$

(5) $2x^3 - 3x^2 - 3x + 2 = 0$

*(6) $3x^3 + 2x^2 - 12x - 8 = 0$

SPIRAL B

70 次の 4 次方程式を解け。 ▶教 p.41 例題9

*(1) $2x^4 - x^3 - x^2 + x - 1 = 0$

(2) $x^4 + x^3 + 6x - 36 = 0$

71 3次方程式 $x^3 + px^2 + qx + 20 = 0$ の解の1つが $1 - 3i$ のとき，実数 p, q の値を求めよ。また，他の解を求めよ。

▶教 p.42 応用例題3

| 例題 10 | 4次方程式 $(x^2-1)^2+(x^2-1)-2=0$ を解け。 | ▶教 p.56章末6 |

| 解 | $x^2-1=A$ とおくと $\quad A^2+A-2=0$
左辺を因数分解すると
$\qquad (A+2)(A-1)=0$
$\qquad (x^2-1+2)(x^2-1-1)=0$
$\qquad (x^2+1)(x^2-2)=0$
ゆえに $\quad x^2+1=0$ または $x^2-2=0$
よって $\quad \boldsymbol{x=\pm i,\ \pm\sqrt{2}}$ 答 |

72 次の4次方程式を解け。

(1) $(x^2-2)^2+7(x^2-2)+6=0$

*(2) $(x^2+1)^2-4(x^2+1)-12=0$

73 次の方程式を解け。

*(1) $(x^2 + x - 1)(x^2 + x - 3) = 8$

(2) $x(x+1)(x-2)(x+3) = -9$

SPIRAL C

高次方程式の虚数解
▶教 p.57 章末9

例題 11

$x = 2 - i$ のとき，次の問いに答えよ。

(1) $x^2 - 4x + 5 = 0$ となることを示せ。

(2) (1)の結果を利用して，$x^3 - x^2 - 6x + 14$ の値を求めよ。

解

(1) $x = 2 - i$ より $x - 2 = -i$

両辺を 2 乗すると，$(x-2)^2 = (-i)^2$ より $x^2 - 4x + 5 = 0$ **終**

(2) $x^3 - x^2 - 6x + 14$ を $x^2 - 4x + 5$ で割ると，右の計算より

$x^3 - x^2 - 6x + 14 = (x^2 - 4x + 5)(x + 3) + x - 1$

(1)より，$x = 2 - i$ のとき $x^2 - 4x + 5 = 0$ であるから

$(x^2 - 4x + 5)(x + 3) + x - 1$

に $x = 2 - i$ を代入すると

$0 \times (2 - i + 3) + (2 - i) - 1 = \mathbf{1 - i}$ **答**

$$
\begin{array}{r}
x + 3 \\
x^2 - 4x + 5 \overline{\smash{\big)}\ x^3 - x^2 - 6x + 14} \\
\underline{x^3 - 4x^2 + 5x} \\
3x^2 - 11x + 14 \\
\underline{3x^2 - 12x + 15} \\
x - 1
\end{array}
$$

74 $x = 1 + 3i$ のとき，次の問いに答えよ。

(1) $x^2 - 2x + 10 = 0$ となることを示せ。

(2) (1)の結果を利用して，$x^3 - 3x^2 + 11x - 6$ の値を求めよ。

75 底面積が $27\mathrm{cm}^2$ の直方体の高さは，同じ体積の立方体の辺の長さより $2\,\mathrm{cm}$ 大きいという。この直方体の高さを求めよ。　　　　　　　　　　　　　　　　　▶教p.57章末12

例題 12

3次方程式 $x^3 + (m-2)x - m + 1 = 0$ が2重解をもつとき，定数 m の値を求めよ。ただし，m は実数とする。

考え方　$(x - \alpha)(x^2 + qx + r) = 0$ の形に因数分解される3次方程式が2重解をもつ場合は，次の2通りの場合がある。

(i)　$x^2 + qx + r = 0$ が α と α 以外の解をもつ

(ii)　$x^2 + qx + r = 0$ が α 以外の重解をもつ

解　$P(x) = x^3 + (m-2)x - m + 1$ とおくと

$\quad P(1) = 1^3 + (m-2) \times 1 - m + 1 = 0$

よって，$P(x)$ は $x - 1$ を因数にもち

右の計算より

$\quad P(x) = (x-1)(x^2 + x + m - 1)$

と因数分解できる。

ゆえに，$P(x) = 0$ より $x - 1 = 0$

または $x^2 + x + m - 1 = 0$

(i)　$x^2 + x + m - 1 = 0$ が1を解にもつ場合

$\quad 1^2 + 1 + m - 1 = 0$ より $m = -1$

$\quad$ このとき，$P(x) = (x-1)(x^2 + x - 2) = (x-1)^2(x+2)$

$\quad$ よって，$P(x) = 0$ は，2重解1と -2 を解にもつ。

(ii)　$x^2 + x + m - 1 = 0$ が重解をもつ場合

$\quad$ 2次方程式 $x^2 + x + m - 1 = 0$ の判別式を D とすると

$\qquad D = 1^2 - 4(m-1) = -4m + 5$

$\quad$ 2次方程式が重解をもつのは $D = 0$ のときである。

$\quad$ ゆえに $-4m + 5 = 0$ より $m = \dfrac{5}{4}$

$\quad$ このとき，$P(x) = (x-1)\left(x^2 + x + \dfrac{1}{4}\right) = (x-1)\left(x + \dfrac{1}{2}\right)^2$

$\quad$ よって，$P(x) = 0$ は，2重解 $-\dfrac{1}{2}$ と1を解にもつ。

(i), (ii)より　$m = -1, \ \dfrac{5}{4}$ 答

$$
\begin{array}{r}
x^2 + x + (m-1) \\
x-1 \overline{\smash{)}\, x^3 \qquad\ + (m-2)x - m + 1} \\
\underline{x^3 - x^2\qquad\qquad\qquad} \\
x^2 + (m-2)x \\
\underline{x^2 - \qquad x\qquad\quad} \\
(m-1)x - m + 1 \\
\underline{(m-1)x - m + 1} \\
0
\end{array}
$$

76　3 次方程式 $x^3 + (m-4)x - 2m = 0$ が 2 重解をもつとき，定数 m の値を求めよ。ただし，m は実数とする。

77 3 次方程式 $x^3 + x^2 + (m-6)x + 3m = 0$ が 2 重解をもつとき,定数 m の値を求めよ。ただし,m は実数とする。

78 3次方程式 $ax^3 + bx^2 + cx + d = 0$ の3つの解を α, β, γ とするとき，次の3次方程式の解と係数の関係が成り立つことを示せ。

$$\alpha + \beta + \gamma = -\frac{b}{a}, \quad \alpha\beta + \beta\gamma + \gamma\alpha = \frac{c}{a}, \quad \alpha\beta\gamma = -\frac{d}{a}$$

────────3次方程式の解と係数の関係

例題 13 3次方程式 $x^3 - 3x^2 + 2x + 4 = 0$ の3つの解を α, β, γ とするとき，次の式の値を求めよ。

(1) $\alpha + \beta + \gamma$, $\alpha\beta + \beta\gamma + \gamma\alpha$, $\alpha\beta\gamma$

(2) $\alpha^2 + \beta^2 + \gamma^2$

(3) $\dfrac{1}{\alpha} + \dfrac{1}{\beta} + \dfrac{1}{\gamma}$

考え方 (1) **78** の3次方程式の解と係数の関係を用いる。

(2) $(a + b + c)^2 = a^2 + b^2 + c^2 + 2ab + 2bc + 2ca$ と(1)を利用する。

(3) 通分して(1)を利用する。

解 (1) 3次方程式の解と係数の関係から
$$\alpha + \beta + \gamma = 3, \quad \alpha\beta + \beta\gamma + \gamma\alpha = 2, \quad \alpha\beta\gamma = -4 \quad \boxed{答}$$

(2) $(\alpha + \beta + \gamma)^2 = \alpha^2 + \beta^2 + \gamma^2 + 2\alpha\beta + 2\beta\gamma + 2\gamma\alpha$ であるから
$$\alpha^2 + \beta^2 + \gamma^2 = (\alpha + \beta + \gamma)^2 - 2(\alpha\beta + \beta\gamma + \gamma\alpha)$$
(1)より $\alpha^2 + \beta^2 + \gamma^2 = 3^2 - 2 \times 2 = 5$ $\boxed{答}$

(3) $\dfrac{1}{\alpha} + \dfrac{1}{\beta} + \dfrac{1}{\gamma} = \dfrac{\beta\gamma}{\alpha\beta\gamma} + \dfrac{\gamma\alpha}{\alpha\beta\gamma} + \dfrac{\alpha\beta}{\alpha\beta\gamma} = \dfrac{\alpha\beta + \beta\gamma + \gamma\alpha}{\alpha\beta\gamma}$

であるから，(1)より

$$\dfrac{1}{\alpha} + \dfrac{1}{\beta} + \dfrac{1}{\gamma} = \dfrac{2}{-4} = -\dfrac{1}{2} \quad \boxed{答}$$

79 3次方程式 $x^3 + 5x^2 + 3x - 2 = 0$ の3つの解を $\alpha,\ \beta,\ \gamma$ とするとき，次の式の値を求めよ。

(1) $\alpha + \beta + \gamma,\ \alpha\beta + \beta\gamma + \gamma\alpha,\ \alpha\beta\gamma$

(2) $\alpha^2 + \beta^2 + \gamma^2$

(3) $\dfrac{1}{\alpha} + \dfrac{1}{\beta} + \dfrac{1}{\gamma}$

3節　式と証明

　等式の証明

SPIRAL A

80 次の等式が x についての恒等式であるとき，定数 a, b, c の値を求めよ。　　▶p.45 例題1

(1) $2x + 6 = a(x+1) + b(x-3)$

*(2) $x^2 + 4x + 6 = a(x+1)^2 + b(x+1) + c$

(3)　$2x^2 - 3x + 4 = a(x-1)^2 + b(x-1) + c$

*(4)　$(2a+b)x^2 + (c-3)x + (a+c) = 0$

81 次の等式を証明せよ。 ▶教 p.46 例題2

(1) $(a+2b)^2 - (a-2b)^2 = 8ab$

*(2) $(ax+b)^2 + (a-bx)^2 = (a^2+b^2)(x^2+1)$

*(3) $(a^2+1)(b^2+1) = (ab-1)^2 + (a+b)^2$

82 $a + b = 1$ のとき，次の等式を証明せよ。 ▶教 p.47 例題3

(1) $a^2 + b^2 = 1 - 2ab$

*(2) $a^2 + 2b = b^2 + 1$

SPIRAL **B**

例題
14

分数式を含む恒等式

次の等式が x についての恒等式であるとき，定数 a，b の値を求めよ。　▶教 p.56章末7

$$\frac{2x-1}{(x-2)(x+1)} = \frac{a}{x-2} + \frac{b}{x+1}$$

解

$$\frac{a}{x-2} + \frac{b}{x+1} = \frac{a(x+1)+b(x-2)}{(x-2)(x+1)}$$

$$= \frac{(a+b)x+a-2b}{(x-2)(x+1)}$$

より　　$$\frac{2x-1}{(x-2)(x+1)} = \frac{(a+b)x+a-2b}{(x-2)(x+1)}$$

よって　$$\begin{cases} a+b=2 \\ a-2b=-1 \end{cases}$$

これを解いて　　$a=1$，$b=1$　答

83 次の等式が x についての恒等式であるとき，定数 a，b の値を求めよ。

*(1) $$\frac{2}{(x+1)(x-1)} = \frac{a}{x-1} + \frac{b}{x+1}$$

(2) $$\frac{3x-2}{2x^2-x-3} = \frac{a}{x+1} + \frac{b}{2x-3}$$

84 $a+b+c=0$ のとき，次の等式を証明せよ。 ▶教p.47例題3

(1) $a^2-bc=b^2-ca$

(2) $(b+c)(c+a)(a+b)+abc=0$

85 $\dfrac{a}{b} = \dfrac{c}{d}$ のとき，次の等式を証明せよ。 ▶教 p.47 応用例題1

(1) $\dfrac{a+c}{b+d} = \dfrac{ad+bc}{2bd}$

(2) $\dfrac{ac}{a^2 - c^2} = \dfrac{bd}{b^2 - d^2}$

86 $\dfrac{x}{2} = \dfrac{y}{3}$ のとき，次の式の値を求めよ。ただし，$x \neq 0$，$y \neq 0$ とする。

(1) $\dfrac{x + 3y}{3x + y}$

*(2) $\dfrac{3x^2 + 4y^2}{x^2 + y^2}$

⠿ 2 | 不等式の証明

87 $a > b$ のとき，次の不等式を証明せよ。 ▶教p.49例題4

(1) $3a - b > a + b$

*(2) $\dfrac{a + 3b}{4} > \dfrac{a + 4b}{5}$

88 次の不等式を証明せよ。また，等号が成り立つのはどのようなときか。 ▶教 p.50 例題5

(1) $x^2 + 9 \geqq 6x$ 　　　　　　　　　*(2) $x^2 + 1 \geqq 2x$

(3) $9x^2 + 4y^2 \geqq 12xy$ 　　　　　　*(4) $(2x + 3y)^2 \geqq 24xy$

89 $a \geqq 0$, $b \geqq 0$ のとき，次の不等式を証明せよ。また，等号が成り立つのはどのようなときか。

▶教 p.51 例題6

(1) $a + 1 \geqq 2\sqrt{a}$

*(2) $a + 1 \geqq \sqrt{2a+1}$

(3) $\sqrt{a} + 2\sqrt{b} \geqq \sqrt{a+4b}$

*(4) $\sqrt{2(a^2 + 4b^2)} \geqq a + 2b$

90 $a > 0$, $b > 0$ のとき，次の不等式を証明せよ。また，等号が成り立つのはどのようなとき
か。

▶教 p.53 例題7

(1) $2a + \dfrac{25}{a} \geqq 10\sqrt{2}$

*(2) $2a + \dfrac{1}{a} \geqq 2\sqrt{2}$

*(3) $\dfrac{b}{2a} + \dfrac{a}{2b} - 1 \geqq 0$

SPIRAL B

91 $x > 1,\ y > 2$ のとき，次の不等式を証明せよ。 ▶教p.49例題4

$xy + 2 > 2x + y$

92   次の不等式を証明せよ。また，等号が成り立つのはどのようなときか。   ▶國 p.50 応用例題2

(1) $x^2 + 10y^2 \geqq 6xy$

*(2) $x^2 + y^2 + 4x - 6y + 13 \geqq 0$

(3) $x^2 + y^2 \geqq 2(x + y - 1)$

*(4) $x^2 + 2y^2 + 1 \geqq 2y(x + 1)$

93 $a > 0$, $b > 0$ のとき，次の不等式を証明せよ。また，等号が成り立つのはどのようなとき
か。　　　　　　　　　　　　　　　　　　　　　　　　　　　　　　▶國 p.53 例題7

(1)　$(a + 3b)\left(\dfrac{1}{a} + \dfrac{1}{3b}\right) \geqq 4$

(2)　$\left(4a + \dfrac{1}{b}\right)\left(b + \dfrac{1}{a}\right) \geqq 9$

SPIRAL C

例題
15
$x > 0$, $y > 0$, $xy = 1$ のとき，$3x + 4y$ の最小値を求めよ。

解 $3x > 0$, $4y > 0$ であるから，相加平均と相乗平均の大小関係より
$$3x + 4y \geqq 2\sqrt{3x \times 4y} = 2\sqrt{12xy} = 4\sqrt{3xy}$$
が成り立つ。$xy = 1$ より $3x + 4y \geqq 4\sqrt{3}$
ここで，等号が成り立つのは，$3x = 4y$ のときである。

このとき $y = \dfrac{3}{4}x$

これを $xy = 1$ に代入すると $\dfrac{3}{4}x^2 = 1$ $(x > 0)$

よって，$x = \dfrac{2\sqrt{3}}{3}$, $y = \dfrac{\sqrt{3}}{2}$ のとき，$3x + 4y$ は**最小値 $4\sqrt{3}$** をとる。答

94 $x > 0$, $y > 0$, $xy = 3$ のとき，$x + 3y$ の最小値を求めよ。

95 $a > 0$ のとき,$a + \dfrac{4}{a}$ の最小値を求めよ。

96 $0 < a < b$, $a + b = 2$ のとき,1,a,b,ab,$\dfrac{a^2 + b^2}{2}$ を小さい順に並べよ。

97 絶対値に関する性質 $|a|^2 = a^2,\ |a| \geqq a,\ |a| \geqq -a$ を用いて，次の不等式を証明せよ。

(1) $\sqrt{a^2 + b^2} \leqq |a| + |b| \leqq \sqrt{2(a^2 + b^2)}$

(2) $|a| - |b| \leqq |a + b|$

解答

1 (1) $x^3+12x^2+48x+64$

(2) $x^3-15x^2+75x-125$

(3) $8x^3+36x^2+54x+27$

(4) $27x^3-27x^2+9x-1$

(5) $27x^3+54x^2y+36xy^2+8y^3$

(6) $-x^3+6x^2y-12xy^2+8y^3$

2 (1) x^3+64　　(2) x^3-8

(3) $27x^3+8y^3$　　(4) $8x^3-125y^3$

(5) a^7-27b^3　　(6) $64a^3+27b^3$

3 (1) $(x-3)(x^2+3x+9)$

(2) $(x+2y)(x^2-2xy+4y^2)$

(3) $(2x+5)(4x^2-10x+25)$

(4) $(4x-5y)(16x^2+20xy+25y^2)$

(5) $(4a+1)(16a^2-4a+1)$

(6) $(1-a)(a^2+a+1)$

4 (1) $27x^3-9x^2+x-\dfrac{1}{27}$

(2) $a^3+3a^2b+3ab^2+b^3+3a^2+6ab+3b^2$
$$+3a+3b+1$$

5 (1) $x^3-\dfrac{1}{8}$　　(2) a^6-16a^3+64

(3) a^6-64b^6

6 (1) $3(x+2y)(x^2-2xy+4y^2)$

(2) $a(3x-1)(9x^2+3x+1)$

(3) $\left(a-\dfrac{1}{2}b\right)\left(a^2+\dfrac{1}{2}ab+\dfrac{1}{4}b^2\right)$

(4) $\left(x-\dfrac{2}{3}\right)\left(x^2+\dfrac{2}{3}x+\dfrac{4}{9}\right)$

(5) $(x-y+3)(x^2-2xy+y^2-3x+3y+9)$

(6) $(2x-1)(4x^2+8x+7)$

7 (1) $(x+2y)(x^2-3xy+4y^2)$

(2) $(a-3b)(a^2-ab+9b^2)$

8 (1) $(x+1)(x-3)(x^2-x+1)(x^2+3x+9)$

(2) $(a+b)(a-b)(a^2-ab+b^2)(a^2+ab+b^2)$

9 (1) $a^4+12a^3+54a^2+108a+81$

(2) $x^7+7x^6y+21x^5y^2+35x^4y^3$
$$+35x^3y^4+21x^2y^5+7xy^6+y^7$$

10 (1) $a^5+15a^4b+90a^3b^2$
$$+270a^2b^3+405ab^4+243b^5$$

(2) $x^6-12x^5+60x^4-160x^3+240x^2-192x+64$

(3) $32x^5-80x^4y+80x^3y^2-40x^2y^3+10xy^4-y^5$

(4) $81x^4-216x^3y+216x^2y^2-96xy^3+16y^4$

11 (1) 720　　(2) 2160

(3) 84　　　　(4) -56

12 $x^6+6x^4+15x^2+20+\dfrac{15}{x^2}+\dfrac{6}{x^4}+\dfrac{1}{x^6}$

13 (1) 二項定理
$$(a+b)^n={}_nC_0a^n+{}_nC_1a^{n-1}b+{}_nC_2a^{n-2}b^2$$
$$+\cdots\cdots+{}_nC_nb^n$$

において，$a=1$，$b=3$ とおくと
$$(1+3)^n={}_nC_0\cdot1^n+{}_nC_1\cdot1^{n-1}\cdot3$$
$$+{}_nC_2\cdot1^{n-2}\cdot3^2+\cdots\cdots+{}_nC_n\cdot3^n$$

よって
$$_nC_0+3{}_nC_1+3^2{}_nC_2+\cdots\cdots+3^n{}_nC_n=4^n$$

(2) 二項定理
$$(a+b)^n={}_nC_0a^n+{}_nC_1a^{n-1}b+{}_nC_2a^{n-2}b^2$$
$$+\cdots\cdots+{}_nC_nb^n$$

において，$a=1$，$b=-\dfrac{1}{2}$ とおくと
$$\left(1-\dfrac{1}{2}\right)^n={}_nC_0\cdot1^n+{}_nC_1\cdot1^{n-1}\cdot\left(-\dfrac{1}{2}\right)$$
$$+{}_nC_2\cdot1^{n-2}\cdot\left(-\dfrac{1}{2}\right)^2+\cdots\cdots+{}_nC_n\cdot\left(-\dfrac{1}{2}\right)^n$$

よって
$$_nC_0-\dfrac{{}_nC_1}{2}+\dfrac{{}_nC_2}{2^2}-\cdots\cdots+(-1)^n\cdot\dfrac{{}_nC_n}{2^n}=\left(\dfrac{1}{2}\right)^n$$

(3) 二項定理
$$(a+b)^{2n}={}_{2n}C_0a^{2n}+{}_{2n}C_1a^{2n-1}b$$
$$+{}_{2n}C_2a^{2n-2}b^2+{}_{2n}C_3a^{2n-3}b^3$$
$$+\cdots\cdots+{}_{2n}C_{2n-1}ab^{2n-1}+{}_{2n}C_{2n}b^{2n}$$

において，$a=1$，$b=-1$ とおくと
$$(1-1)^{2n}={}_{2n}C_0\cdot1^{2n}+{}_{2n}C_1\cdot1^{2n-1}\cdot(-1)$$
$$+{}_{2n}C_2\cdot1^{2n-2}\cdot(-1)^2+{}_{2n}C_3\cdot1^{2n-3}\cdot(-1)^3$$
$$+\cdots\cdots+{}_{2n}C_{2n-1}\cdot1\cdot(-1)^{2n-1}+{}_{2n}C_{2n}\cdot(-1)^{2n}$$

よって
$$0={}_{2n}C_0-{}_{2n}C_1+{}_{2n}C_2-{}_{2n}C_3$$
$$+\cdots\cdots-{}_{2n}C_{2n-1}+{}_{2n}C_{2n}$$

ゆえに
$$_{2n}C_0+{}_{2n}C_2+\cdots\cdots+{}_{2n}C_{2n}$$
$$={}_{2n}C_1+{}_{2n}C_3+\cdots\cdots+{}_{2n}C_{2n-1}$$

14 (1) 60　　(2) -192

15 (1) 商は $2x-1$, 余りは -3

(2) 商は $x+1$, 余りは -7

(3) 商は x^2-x+2, 余りは 5

(4) 商は x^2-2x+1, 余りは 0

(5) 商は $2x^2+x+1$, 余りは 3

16 (1) 商は $3x+4$, 余りは $15x+7$

(2) 商は $2x-3$, 余りは $-8x+6$

(3) 商は $x-2$, 余りは $3x+1$

104

(4) 商は $2x+3$, 余りは $-4x$

17 (1) x^3+5x^2+3x-4
(2) x^3-2x^2-5x-1

18 (1) $x+2$ (2) x^2-x+2
(3) $3x+2$ (4) x^2+x+2

19 $2x^3-x^2-17x+11$

20 x^4+x^2-3x+2

21 (1) 商は $x-3y$, 余りは 0
(2) 商は $x+y$, 余りは $2y^2$
(3) 商は $x^2+2yx-2y^2$, 余りは y^3
(4) 商は $x-y$, 余りは 0
(5) 商は $x+2y$, 余りは $-y^3$

22 $a=3$, $b=-4$

23 (1) $\dfrac{3x}{4y^2}$ (2) $\dfrac{7y^2}{5x^2}$ (3) $\dfrac{3}{x+2}$
(4) $\dfrac{x+2}{x-1}$ (5) $\dfrac{x-3}{2x-1}$ (6) $\dfrac{x-3}{3x+2}$

24 (1) $\dfrac{1}{4(x+1)}$ (2) $\dfrac{1}{x(x-2)}$
(3) $\dfrac{x(x+3)}{2}$ (4) $\dfrac{(x-1)(x-2)}{(x+1)(x^2+x+1)}$

25 (1) 2 (2) -1
(3) $\dfrac{x}{x-3}$ (4) $\dfrac{x-3}{3x-1}$

26 (1) $\dfrac{8x}{(x+3)(x-5)}$ (2) $\dfrac{2x-1}{(x-2)(x+1)}$

27 (1) $\dfrac{2}{x(x+2)}$ (2) $\dfrac{1}{(x-2)(x-5)}$
(3) $\dfrac{2(x-4)}{(x-3)(x-7)}$ (4) $\dfrac{2}{(x+2)(x+1)}$

28 (1) $x-4$ (2) $\dfrac{x+3}{x-1}$ (3) $x+2$

29 $x^2+\dfrac{1}{x^2}=3$, $x^3+\dfrac{1}{x^3}=2\sqrt{5}$

30 (1) 実部は 3, 虚部は 7
(2) 実部は -2, 虚部は -1
(3) 実部は 0, 虚部は -6
(4) 実部は $1+\sqrt{2}$, 虚部は 0
純虚数は (3)

31 (1) $x=-4$, $y=1$
(2) $x=4$, $y=-2$
(3) $x=-2$, $y=3$
(4) $x=-8$, $y=-4$

32 (1) $5+7i$ (2) $1-i$
(3) $-1-i$ (4) $-4+9i$

33 (1) $-10+11i$ (2) $11+7i$
(3) $-13i$ (4) $-8+6i$
(5) $-2i$ (6) 25

34 (1) $3-i$ (2) $2i$
(3) -6 (4) $\dfrac{-1-\sqrt{5}\,i}{2}$

35 (1) $\dfrac{7}{13}+\dfrac{4}{13}i$ (2) $-\dfrac{1}{5}+\dfrac{8}{5}i$
(3) $-i$ (4) $\dfrac{6}{5}-\dfrac{2}{5}i$
(5) $-1+i$ (6) $-\dfrac{1}{5}-\dfrac{2}{5}i$

36 (1) $\sqrt{7}\,i$ (2) $5i$ (3) $\pm 8i$

37 (1) $-\sqrt{6}$ (2) $-2+2\sqrt{3}\,i$
(3) $-\dfrac{\sqrt{3}}{2}i$ (4) $5i$

38 (1) $x=\pm\sqrt{2}\,i$ (2) $x=\pm 4i$
(3) $x=\pm\dfrac{1}{3}i$ (4) $x=\pm\dfrac{3}{2}i$

39 (1) $-11-2i$ (2) $\dfrac{1}{2}-\dfrac{1}{2}i$
(3) $\dfrac{3}{2}+\dfrac{1}{2}i$ (4) $-i$

40 (1) $x=\dfrac{-5\pm\sqrt{17}}{4}$ (2) $x=2\pm\sqrt{3}$
(3) $x=-\dfrac{2}{3}$ (4) $x=\dfrac{2\pm\sqrt{6}\,i}{2}$
(5) $x=\dfrac{1\pm\sqrt{3}\,i}{2}$ (6) $x=1$, $-\dfrac{1}{3}$
(7) $x=\dfrac{-\sqrt{3}\pm\sqrt{7}\,i}{2}$ (8) $x=\pm\dfrac{\sqrt{14}}{2}i$

41 (1) 異なる 2 つの実数解
(2) 異なる 2 つの虚数解
(3) 重解
(4) 異なる 2 つの実数解
(5) 重解
(6) 異なる 2 つの虚数解

42 (1) 和 $\alpha+\beta=\dfrac{5}{2}$ 積 $\alpha\beta=\dfrac{3}{2}$
(2) 和 $\alpha+\beta=1$ 積 $\alpha\beta=-1$
(3) 和 $\alpha+\beta=\dfrac{1}{2}$ 積 $\alpha\beta=\dfrac{2}{3}$
(4) 和 $\alpha+\beta=-\dfrac{2}{3}$ 積 $\alpha\beta=0$

43 (1) $\dfrac{17}{2}$ (2) $\dfrac{25}{4}$
(3) $-\dfrac{19}{8}$ (4) $\dfrac{25}{8}$

44 $m=16$, 2 つの解は -2, -8

45 (1) $2\left(x-\dfrac{2+\sqrt{6}}{2}\right)\left(x-\dfrac{2-\sqrt{6}}{2}\right)$
(2) $\left(x-\dfrac{1+\sqrt{3}\,i}{2}\right)\left(x-\dfrac{1-\sqrt{3}\,i}{2}\right)$

(3) $3\left(x-\dfrac{3+\sqrt{6}\,i}{3}\right)\left(x-\dfrac{3-\sqrt{6}\,i}{3}\right)$

(4) $(x+2i)(x-2i)$

46 (1) $x^2+x-12=0$ (2) $x^2-4x-1=0$

(3) $x^2-2x+17=0$

47 (1) $x^2-x-4=0$ (2) $2x^2-3x-18=0$

(3) $8x^2+13x-8=0$

48 (1) $m<1,\ 5<m$ (2) $1<m<5$

49 (1) $m\leqq-1,\ 2\leqq m$ (2) $-1<m<2$

50 (1) $(x^2+2)(x^2-3)$

(2) $(x^2+2)(x+\sqrt{3})(x-\sqrt{3})$

(3) $(x+\sqrt{2}\,i)(x-\sqrt{2}\,i)(x+\sqrt{3})(x-\sqrt{3})$

51 $m=0$, 2つの解は $0,\ 4$

52 (1) $\dfrac{7+\sqrt{33}}{2},\ \dfrac{7-\sqrt{33}}{2}$

(2) $\dfrac{3+\sqrt{3}\,i}{2},\ \dfrac{3-\sqrt{3}\,i}{2}$

53 $(1-\alpha)(1-\beta)=p+\dfrac{q}{2}+1$

54 $3<m<12$

55 $3<m$

56 (1) -5 (2) -4

(3) 16 (4) $5-4\sqrt{3}$

57 (1) 6 (2) 0 (3) -18

58 (1) $k=7$ (2) $k=-1$ (3) $k=-6$

59 (1) $x-2$ (2) $x+1$ と $x+3$

60 (1) $m=-2$ (2) $m=2$

61 (1) $(x+1)(x-2)(x-3)$

(2) $(x-2)(x+3)^2$

(3) $(x-2)^3$

(4) $(x+2)(x-3)(2x-1)$

62 $a=-1,\ b=-2$

63 $3x-7$

64 (1) $P(x)=(ax+b)Q(x)+R$

(2) (1)で求めた等式に，$x=-\dfrac{b}{a}$ を代入すると

$$P\left(-\dfrac{b}{a}\right)=\left\{a\times\left(-\dfrac{b}{a}\right)+b\right\}Q\left(-\dfrac{b}{a}\right)+R$$

$$=0\times Q\left(-\dfrac{b}{a}\right)+R=R$$

よって $R=P\left(-\dfrac{b}{a}\right)$

(3) 4

65 (1) $(x-1)^2(x+2)(x-2)$

(2) $(x+1)(x-1)(x^2+4x+2)$

66 (1) 商は $2x^2+3x+10$，　余りは 15

(2) 商は x^2-4x+6，　余りは -30

(3) 商は x^3-5x^2+7x-4，　余りは 0

67 (1) $x=3,\ \dfrac{-3\pm3\sqrt{3}\,i}{2}$

(2) $x=-5,\ \dfrac{5\pm5\sqrt{3}\,i}{2}$

(3) $x=\dfrac{1}{2},\ \dfrac{-1\pm\sqrt{3}\,i}{4}$

(4) $x=-\dfrac{2}{3},\ \dfrac{1\pm\sqrt{3}\,i}{3}$

68 (1) $x=\pm2i,\ \pm1$

(2) $x=\pm\sqrt{5}\,i,\ \pm\sqrt{6}$

(3) $x=\pm2i,\ \pm2$

(4) $x=\pm\dfrac{1}{3}i,\ \pm\dfrac{1}{3}$

69 (1) $x=1,\ 3\pm\sqrt{14}$

(2) $x=-2,\ -1\pm\sqrt{5}$

(3) $x=-1,\ \dfrac{3\pm\sqrt{7}\,i}{2}$

(4) $x=3,\ 3\pm\sqrt{2}$

(5) $x=2,\ \dfrac{1}{2},\ -1$

(6) $x=-2,\ -\dfrac{2}{3},\ 2$

70 (1) $x=1,\ -1,\ \dfrac{1\pm\sqrt{7}\,i}{4}$

(2) $x=2,\ -3,\ \pm\sqrt{6}\,i$

71 $p=0,\ q=6,\ x=-2,\ 1+3i$

72 (1) $x=\pm2i,\ \pm1$

(2) $x=\pm\sqrt{3}\,i,\ \pm\sqrt{5}$

73 (1) $x=\dfrac{-1\pm\sqrt{3}\,i}{2},\ \dfrac{-1\pm\sqrt{21}}{2}$

(2) $x=\dfrac{-1\pm\sqrt{13}}{2}$

74 (1) $x=1+3i$ より $x-1=3i$

両辺を2乗すると $(x-1)^2=(3i)^2$

より $x^2-2x+10=0$

(2) $3-3i$

75 $8\ \mathrm{cm}$

76 $m=-8,\ 1$

77 $m=-15,\ 1$

78 $\alpha,\ \beta,\ \gamma$ を解とする3次方程式の1つは

$(x-\alpha)(x-\beta)(x-\gamma)=0$

左辺を展開すると

$(x-\alpha)(x-\beta)(x-\gamma)$

$=x^3-(\alpha+\beta+\gamma)x^2+(\alpha\beta+\beta\gamma+\gamma\alpha)x-\alpha\beta\gamma$

一方，$\alpha,\ \beta,\ \gamma$ を解とする3次方程式

$ax^3+bx^2+cx+d=0$ は

$$x^3+\frac{b}{a}x^2+\frac{c}{a}x+\frac{d}{a}=0$$

と変形できる。
よって
$$x^3-(\alpha+\beta+\gamma)x^2+(\alpha\beta+\beta\gamma+\gamma\alpha)x-\alpha\beta\gamma$$
$$=x^3+\frac{b}{a}x^2+\frac{c}{a}x+\frac{d}{a}$$

両辺の係数を比較して

$$\alpha+\beta+\gamma=-\frac{b}{a},\ \ \alpha\beta+\beta\gamma+\gamma\alpha=\frac{c}{a},\ \ \alpha\beta\gamma=-\frac{d}{a}$$

79 (1) $\alpha+\beta+\gamma=-5,\ \alpha\beta+\beta\gamma+\gamma\alpha=3,$
$\alpha\beta\gamma=2$

(2) **19**

(3) $\dfrac{3}{2}$

80 (1) $a=3,\ b=-1$

(2) $a=1,\ b=2,\ c=3$

(3) $a=2,\ b=1,\ c=3$

(4) $a=-3,\ b=6,\ c=3$

81 (1) (左辺)$=a^2+4ab+4b^2-(a^2-4ab+4b^2)$
$\qquad\qquad=8ab=$(右辺)
よって $(a+2b)^2-(a-2b)^2=8ab$

(2) (左辺)$=a^2x^2+2abx+b^2+a^2-2abx+b^2x^2$
$\qquad=(a^2+b^2)x^2+(a^2+b^2)$
$\qquad=(a^2+b^2)(x^2+1)$
$\qquad=$(右辺)
よって $(ax+b)^2+(a-bx)^2=(a^2+b^2)(x^2+1)$

(3) (右辺)$=a^2b^2-2ab+1+a^2+2ab+b^2$
$\qquad=a^2b^2+a^2+b^2+1$
$\qquad=a^2(b^2+1)+(b^2+1)$
$\qquad=(a^2+1)(b^2+1)=$(左辺)
よって $(a^2+1)(b^2+1)=(ab-1)^2+(a+b)^2$

82 (1) $a+b=1$ であるから $b=1-a$
このとき (左辺)$=a^2+(1-a)^2=2a^2-2a+1$
$\qquad\qquad$(右辺)$=1-2a(1-a)$
$\qquad\qquad\qquad=1-2a+2a^2=2a^2-2a+1$
よって $a^2+b^2=1-2ab$

(2) $a+b=1$ であるから $b=1-a$
このとき (左辺)$=a^2+2(1-a)=a^2-2a+2$
$\qquad\qquad$(右辺)$=(1-a)^2+1=a^2-2a+2$
よって $a^2+2b=b^2+1$

83 (1) $a=1,\ b=-1$ (2) $a=1,\ b=1$

84 (1) $a+b+c=0$ であるから $c=-a-b$
このとき
(左辺)$=a^2-b(-a-b)=a^2+ab+b^2$
(右辺)$=b^2-(-a-b)a=b^2+a^2+ab$
よって $a^2-bc=b^2-ca$

(2) $a+b+c=0$ であるから $c=-a-b$
このとき
(左辺)
$=(b-a-b)(-a-b+a)(a+b)+ab(-a-b)$
$=(-a)(-b)(a+b)-ab(a+b)$
$=ab(a+b)-ab(a+b)=0=$(右辺)
よって $(b+c)(c+a)(a+b)+abc=0$

85 $\dfrac{a}{b}=\dfrac{c}{d}=k$ とおくと $a=bk,\ c=dk$

(1) (左辺)$=\dfrac{bk+dk}{b+d}=\dfrac{k(b+d)}{b+d}=k$
$\quad$(右辺)$=\dfrac{bk\times d+b\times dk}{2bd}=\dfrac{2bdk}{2bd}=k$
よって $\dfrac{a+c}{b+d}=\dfrac{ad+bc}{2bd}$

(2) (左辺)$=\dfrac{bk\times dk}{(bk)^2-(dk)^2}=\dfrac{bdk^2}{(b^2-d^2)k^2}=\dfrac{bd}{b^2-d^2}$
$\qquad=$(右辺)
よって $\dfrac{ac}{a^2-c^2}=\dfrac{bd}{b^2-d^2}$

86 (1) $\dfrac{11}{9}$ (2) $\dfrac{48}{13}$

87 (1) (左辺)$-$(右辺)$=3a-b-(a+b)$
$\qquad\qquad\qquad=2a-2b=2(a-b)$
ここで, $a>b$ のとき, $a-b>0$ であるから
$2(a-b)>0$ より $3a-b-(a+b)>0$
よって $3a-b>a+b$

(2) (左辺)$-$(右辺)$=\dfrac{a+3b}{4}-\dfrac{a+4b}{5}$
$\qquad\qquad\qquad=\dfrac{a-b}{20}$
ここで, $a>b$ のとき, $a-b>0$ であるから
$\dfrac{a-b}{20}>0$ より $\dfrac{a+3b}{4}-\dfrac{a+4b}{5}>0$
よって $\dfrac{a+3b}{4}>\dfrac{a+4b}{5}$

88 (1) (左辺)$-$(右辺)
$\qquad=x^2+9-6x=(x-3)^2\geqq0$
よって $x^2+9\geqq6x$
等号が成り立つのは, $x=3$ のとき

(2) (左辺)$-$(右辺)$=x^2+1-2x=(x-1)^2\geqq0$
よって $x^2+1\geqq2x$
等号が成り立つのは, $x=1$ のとき

(3) (左辺)$-$(右辺)$=9x^2+4y^2-12xy$
$\qquad\qquad\qquad=(3x-2y)^2\geqq0$
よって $9x^2+4y^2\geqq12xy$
等号が成り立つのは, $3x=2y$ のとき

(4) (左辺)$-$(右辺)$=(2x+3y)^2-24xy$

$$=4x^2-12xy+9y^2$$
$$=(2x-3y)^2\geqq0$$
よって $(2x+3y)^2\geqq24xy$
等号が成り立つのは，$2x=3y$ のとき

89 (1) 両辺の平方の差を考えると
$$(a+1)^2-(2\sqrt{a})^2=a^2+2a+1-4a$$
$$=a^2-2a+1$$
$$=(a-1)^2\geqq0$$
よって $(a+1)^2\geqq(2\sqrt{a})^2$
ここで，$a+1>0$，$2\sqrt{a}\geqq0$ であるから
$a+1\geqq2\sqrt{a}$
等号が成り立つのは，$a=1$ のとき

(2) 両辺の平方の差を考えると
$$(a+1)^2-(\sqrt{2a+1})^2=a^2+2a+1-2a-1$$
$$=a^2\geqq0$$
よって $(a+1)^2\geqq(\sqrt{2a+1})^2$
$a+1>0$，$\sqrt{2a+1}>0$ であるから
$a+1\geqq\sqrt{2a+1}$
等号が成り立つのは $a=0$ のとき

(3) 両辺の平方の差を考えると
$$(\sqrt{a}+2\sqrt{b})^2-(\sqrt{a+4b})^2$$
$$=a+4\sqrt{ab}+4b-(a+4b)=4\sqrt{ab}\geqq0$$
よって $(\sqrt{a}+2\sqrt{b})^2\geqq(\sqrt{a+4b})^2$
$\sqrt{a}+2\sqrt{b}\geqq0$，$\sqrt{a+4b}\geqq0$ であるから
$\sqrt{a}+2\sqrt{b}\geqq\sqrt{a+4b}$
等号が成り立つのは，$a=0$ または $b=0$ のとき

(4) 両辺の平方の差を考えると
$$\{\sqrt{2(a^2+4b^2)}\}^2-(a+2b)^2$$
$$=2(a^2+4b^2)-(a^2+4ab+4b^2)$$
$$=a^2-4ab+4b^2=(a-2b)^2\geqq0$$
よって $\{\sqrt{2(a^2+4b^2)}\}^2\geqq(a+2b)^2$
$\sqrt{2(a^2+4b^2)}\geqq0$，$a+2b\geqq0$ であるから
$\sqrt{2(a^2+4b^2)}\geqq a+2b$
等号が成り立つのは，$a=2b$ のとき

90 (1) $2a>0$，$\dfrac{25}{a}>0$ であるから，
相加平均と相乗平均の大小関係より
$$2a+\frac{25}{a}\geqq2\sqrt{2a\times\frac{25}{a}}=10\sqrt{2}$$
ゆえに $2a+\dfrac{25}{a}\geqq10\sqrt{2}$
等号が成り立つのは，$a=\dfrac{5\sqrt{2}}{2}$ のとき

(2) $2a>0$，$\dfrac{1}{a}>0$ であるから，

相加平均と相乗平均の大小関係より
$$2a+\frac{1}{a}\geqq2\sqrt{2a\times\frac{1}{a}}=2\sqrt{2}$$
ゆえに $2a+\dfrac{1}{a}\geqq2\sqrt{2}$
等号が成り立つのは，$a=\dfrac{\sqrt{2}}{2}$ のとき

(3) $\dfrac{b}{2a}>0$，$\dfrac{a}{2b}>0$ であるから，
相加平均と相乗平均の大小関係より
$$\frac{b}{2a}+\frac{a}{2b}\geqq2\sqrt{\frac{b}{2a}\times\frac{a}{2b}}=1$$
ゆえに，$\dfrac{b}{2a}+\dfrac{a}{2b}\geqq1$ より $\dfrac{b}{2a}+\dfrac{a}{2b}-1\geqq0$
等号が成り立つのは $a=b$ のとき

91 (左辺)-(右辺)$=xy+2-(2x+y)$
$$=xy-2x-y+2$$
$$=x(y-2)-(y-2)$$
$$=(x-1)(y-2)$$
$x>1$，$y>2$ より $x-1>0$，$y-2>0$
よって $(x-1)(y-2)>0$ であるから
$(xy+2)-(2x+y)>0$
したがって $xy+2>2x+y$

92 (1) (左辺)-(右辺)$=x^2+10y^2-6xy$
$$=x^2-6xy+10y^2$$
$$=(x-3y)^2-9y^2+10y^2$$
$$=(x-3y)^2+y^2\geqq0$$
よって $x^2+10y^2\geqq6xy$
等号が成り立つのは，$x=y=0$ のとき

(2) (左辺)-(右辺)$=x^2+y^2+4x-6y+13$
$$=x^2+4x+y^2-6y+13$$
$$=(x+2)^2-4+(y-3)^2-9+13$$
$$=(x+2)^2+(y-3)^2\geqq0$$
等号が成り立つのは，$x=-2$，$y=3$ のとき

(3) (左辺)-(右辺)$=x^2+y^2-2(x+y-1)$
$$=x^2-2x+y^2-2y+2$$
$$=(x-1)^2-1+(y-1)^2-1+2$$
$$=(x-1)^2+(y-1)^2\geqq0$$
よって $x^2+y^2\geqq2(x+y-1)$
等号が成り立つのは，$x=y=1$ のとき

(4) (左辺)-(右辺)$=x^2+2y^2+1-2y(x+1)$
$$=x^2-2xy+y^2+y^2-2y+1$$
$$=(x-y)^2+(y-1)^2\geqq0$$
よって $x^2+2y^2+1\geqq2y(x+1)$
等号が成り立つのは，$x=y=1$ のとき

93 (1) $(a+3b)\left(\dfrac{1}{a}+\dfrac{1}{3b}\right)=1+\dfrac{a}{3b}+\dfrac{3b}{a}+1$

$\qquad\qquad\qquad\qquad =\dfrac{3b}{a}+\dfrac{a}{3b}+2$

ここで，$a>0$，$b>0$ より $\dfrac{3b}{a}>0$，$\dfrac{a}{3b}>0$

であるから，相加平均と相乗平均の大小関係より

$\qquad \dfrac{3b}{a}+\dfrac{a}{3b}\geqq 2\sqrt{\dfrac{3b}{a}\times\dfrac{a}{3b}}=2$

ゆえに $\dfrac{3b}{a}+\dfrac{a}{3b}\geqq 2$

より $\dfrac{3b}{u}+\dfrac{a}{3b}+2\geqq 4$

$\qquad (a+3b)\left(\dfrac{1}{a}+\dfrac{1}{3b}\right)\geqq 4$

等号が成り立つのは $a=3b$ のとき

(2) $\left(4a+\dfrac{1}{b}\right)\left(b+\dfrac{1}{a}\right)=4ab+4+1+\dfrac{1}{ab}$

$\qquad\qquad\qquad\qquad =4ab+\dfrac{1}{ab}+5$

ここで，$a>0$，$b>0$ より $4ab>0$，$\dfrac{1}{ab}>0$

であるから，相加平均と相乗平均の大小関係より

$\qquad 4ab+\dfrac{1}{ab}\geqq 2\sqrt{4ab\times\dfrac{1}{ab}}=4$

ゆえに $4ab+\dfrac{1}{ab}\geqq 4$

より $4ab+\dfrac{1}{ab}+5\geqq 9$

$\qquad \left(4a+\dfrac{1}{b}\right)\left(b+\dfrac{1}{a}\right)\geqq 9$

等号が成り立つのは $ab=\dfrac{1}{2}$ のとき

94 6

95 4

96 $a<ab<1<\dfrac{a^2+b^2}{2}<b$

97 (1) (i) $\sqrt{2(a^2+b^2)}$ と $|a|+|b|$ の平方の差を
考えると

$\quad \{\sqrt{2(a^2+b^2)}\}^2-(|a|+|b|)^2$

$=2(a^2+b^2)-(|a|^2+2|a\|b|+|b|^2)$

$=2a^2+2b^2-a^2-2|a\|b|-b^2$

$=a^2-2|a\|b|+b^2$

$=|a|^2-2|a\|b|+|b|^2$

$=(|a|-|b|)^2\geqq 0$

よって $\{\sqrt{2(a^2+b^2)}\}^2\geqq(|a|+|b|)^2$

$\sqrt{2(a^2+b^2)}\geqq 0$，$|a|+|b|\geqq 0$ であるから

$\qquad \sqrt{2(a^2+b^2)}\geqq|a|+|b|$

等号が成り立つのは $|a|-|b|=0$ より

$|a|=|b|$ のときである。

(ii) $|a|+|b|$ と $\sqrt{a^2+b^2}$ の平方の差を考えると

$\qquad (|a|+|b|)^2-(\sqrt{a^2+b^2})^2$

$=|a|^2+2|a\|b|+|b|^2-(a^2+b^2)$

$=a^2+2|a\|b|+b^2-a^2-b^2$

$=2|a\|b|=2|ab|\geqq 0$

よって $(|a|+|b|)^2\geqq(\sqrt{a^2+b^2})^2$

$|a|+|b|\geqq 0$，$\sqrt{a^2+b^2}\geqq 0$ であるから

$\qquad |a|+|b|\geqq\sqrt{a^2+b^2}$

等号が成り立つのは $|ab|=0$ より $ab=0$ のと
きである。

したがって，(i)，(ii)より

$\qquad \sqrt{a^2+b^2}\leqq|a|+|b|\leqq\sqrt{2(a^2+b^2)}$

$a=b=0$ のとき等号が成り立つ。

(2) (i) $|a|<|b|$ のとき

$|a|-|b|<0$，$|a+b|>0$ より

$\qquad |a|-|b|<|a+b|$

(ii) $|a|\geqq|b|$ のとき

両辺の平方の差を考えると

$\qquad (|a+b|)^2-(|a|-|b|)^2$

$=(a+b)^2-(|a|^2-2|a\|b|+|b|^2)$

$=a^2+2ab+b^2-(a^2-2|a\|b|+b^2)$

$=2ab+2|a\|b|=2(|ab|+ab)$

$|ab|\geqq -ab$ より $|ab|+ab\geqq 0$

よって $(|a+b|)^2\geqq(|a|-|b|)^2$

$|a|-|b|\geqq 0$，$|a+b|\geqq 0$ より

$\qquad |a|-|b|\leqq|a+b|$

等号が成り立つのは，$|ab|=-ab$ より

$ab\leqq 0$ のときである。

(i)，(ii)より

$\qquad |a|-|b|\leqq|a+b|$

$|a|\geqq|b|$ かつ $ab\leqq 0$ のとき等号は成り立つ。